Abdelaziz Elfadaly

Deteção remota em arqueologia

Abdelaziz Elfadaly

Deteção remota em arqueologia

ScienciaScripts

Imprint

Any brand names and product names mentioned in this book are subject to trademark, brand or patent protection and are trademarks or registered trademarks of their respective holders. The use of brand names, product names, common names, trade names, product descriptions etc. even without a particular marking in this work is in no way to be construed to mean that such names may be regarded as unrestricted in respect of trademark and brand protection legislation and could thus be used by anyone.

Cover image: www.ingimage.com

This book is a translation from the original published under ISBN 978-620-2-19700-7.

Publisher:
Sciencia Scripts
is a trademark of
Dodo Books Indian Ocean Ltd. and OmniScriptum S.R.L publishing group

120 High Road, East Finchley, London, N2 9ED, United Kingdom
Str. Armeneasca 28/1, office 1, Chisinau MD-2012, Republic of Moldova, Europe
Printed at: see last page
ISBN: 978-620-8-03231-9

ÍNDICE DE CONTEÚDOS:

Estimativa geoambiental das alterações da utilização do solo e dos seus efeitos nos templos egípcios da cidade de Luxor

Abdelaziz Elfadaly[1,2,3] , Osama Wafa[4,5] , Mohamed. A. R. Abouarab[4] , Antonella Guida

[2,] PierGiorgio Spanu[5] e Rosa Lasaponara *[1,]

[1]   Conselho Nacional de Investigação italiano, C.da Santa Loja, Tito Scalo, 85050 Potenza, Itália; abdelaziz.elfadaly@yahoo.com

[2]   Departamento de Culturas Europeias e Mediterrânicas, Arquitetura, Escola de Arquitetura, Universidade de Basilicata, 75100 Matera, Itália;

arch.antonellaguida@gmail.com

[3]   Departamento de Estudos Populacionais e Arqueologia, Autoridade Nacional de Sensoriamento Remoto e Ciências Espaciais, Cairo 1564, Egito

[4]   Departamento de Arqueologia, Faculdade de Letras, Universidade de Kafrelsheikh, Kafr el Sheikh

1501, Egito; osama.wafa@yahoo.com (O.W.); mabouarab@art.kfs.edu.eg (M.A.R.A.)

[5]   Departamento de História, Ciências Humanas e Formação, Universidade de Sassari, 07100 Sardenha, Itália; pgspanu@uniss.it

* Correspondente: rosa.lasaponara@imaa.cnr.it; Tel: +39-328-627-1131

Recebido: 31 de agosto de 2017; Aceite: 14 de novembro de 2017; Publicado em: data

Resumo:

Ao longo dos anos, os templos egípcios da cidade de Luxor têm sido objeto de intensa investigação, mas a maior parte destes estudos centrou-se apenas nos aspectos clássicos das descrições arqueológicas e históricas. Muitos dos problemas ambientais são o resultado inevitável da expansão urbana não planeada em torno dos templos monumentais. Este artigo tem como objetivo avaliar as alterações ambientais em torno de alguns templos da cidade de Luxor, utilizando técnicas de deteção remota e SIG. Em particular, foi investigada uma base de dados histórica composta por dados Corona e Landsat TM, juntamente com as novas aquisições do Quickbird 2 e do Sentinel 2. Os resultados da nossa investigação revelaram rápidas mudanças nas áreas urbanas e agrícolas, que afectaram negativamente os templos monumentais egípcios, causando graves fenómenos de degradação. Utilizando a informação obtida da nossa análise baseada em RS&GIS, foram também identificadas estratégias de mitigação para apoiar a preservação da área arqueológica.

Palavras-chave: riscos ambientais; dados de satélite; técnicas SIG; templos egípcios

1. Introdução

As melhorias recentes nas técnicas de observação da Terra oferecem caraterísticas técnicas avançadas, que podem potenciar novas aplicações, incluindo investigações dirigidas ao património cultural e à paisagem. Em particular, as missões mais recentes, como a Sentinela da ESA, oferecem gratuitamente dados (sistematicamente adquiridos para todo o globo) e estão especificamente vocacionadas para a estimativa e monitorização de riscos. Além disso, os longos e ricos arquivos históricos (como os disponíveis a partir de dados de satélite desclassificados, Landsat TM, etc.) fornecem informações significativas relacionadas com o passado que podem ser muito úteis para investigações de deteção de alterações. Tanto os dados recentes como os dados arquivados, utilizados em conjunto, podem constituir uma fonte de informação inestimável para uma grande variedade de aplicações, incluindo investigações dirigidas à arqueologia e às paisagens culturais, desde a documentação à valorização, do acompanhamento à gestão.

Em particular, a deteção remota para a arqueologia tem sido amplamente aplicada para a descoberta [13] e monitorização [4,5] no Médio Oriente [6] e no Egito para muitos domínios de aplicação, incluindo a descoberta e documentação [7] e, mais recentemente, para fins de conservação e monitorização [8-12].

As políticas de conservação e proteção para preservar o património cultural e a paisagem são hoje uma questão premente, especialmente para sítios e áreas que representam significativamente a identidade cultural de um território, população, país e civilização. É importante sublinhar que os sítios arqueológicos, os bens culturais e a paisagem são "recursos não renováveis e possuem valores culturais específicos para a humanidade, que precisam de ser preservados para as gerações presentes e futuras"; além disso, pode acrescentar-se que esses "bens são também importantes recursos económicos; e, tendo em conta o crescente interesse do público, uma abordagem organizada à tomada de decisões asseguraria a conservação e a preservação dos vários valores dos sítios arqueológicos e da paisagem cultural, incluindo o seu potencial educativo e económico" (UNESCO [13,14]).

Recentemente, muitos investigadores demonstraram que as imagens de satélite de radar, hiperespectrais e multiespectrais podem ser utilizadas para melhorar o estado dos ambientes arqueológicos, a fim de detetar vestígios subterrâneos. A deteção remota por satélite ótico tem desempenhado um papel importante no domínio dos estudos arqueológicos nos últimos anos. A reflexão da vegetação das culturas e do solo são indicadores bem conhecidos da presença de vestígios antigos enterrados e à superfície. Até à data, foram desenvolvidas novas aplicações de deteção remota para a descoberta, monitorização, documentação e preservação de recursos culturais. Normalmente, estas técnicas têm sido exploradas por meio de sensores ópticos multiespectrais. Por outro lado, os indicadores de teledeteção da terra e das águas subterrâneas podem fornecer dados úteis onde os métodos clássicos práticos não o podem fazer. A deteção remota integrada e os SIG são amplamente utilizados na cartografia das águas subterrâneas, o que as tornou o ponto focal de muitos estudos geoarqueológicos, a partir de fotografias aéreas [15-19].

Este artigo tem como objetivo avaliar o estado atual dos templos da cidade de Luxor, utilizando técnicas de deteção remota e SIG para identificar e cartografar as áreas afectadas pela expansão urbana descontrolada e as alterações na utilização dos solos, consideradas como algumas das ameaças críticas para estes bens culturais [20-21] (http://whc.unesco.org/en/soc/3597). Para quantificar ao longo dos anos a expansão urbana, foram investigados dados históricos multitemporais de satélite constituídos por Corona e Landsat, juntamente com as novas aquisições fornecidas por Quikbird e Sentinel 2. Os resultados da nossa análise de dados multi-data e multi-sensor forneceram informações quantitativas sobre as mudanças nas áreas agrícolas, bem como sobre a expansão urbana descontrolada que ocorreu em torno das cidades monumentais egípcias. Com base na integração de informações auxiliares com os resultados obtidos da deteção remota e da análise baseada em SIG, é também proposta uma estratégia de mitigação.

1.1. Área de estudo

Tebas, em Luxor, situada a cerca de 900 km a sul do Cairo, nas margens do rio Nilo [22] (Latitude: 25° 4T56" N, Longitude: 32° 38'3Γ E, Elevação acima do nível do mar: 89 m) é considerada um dos maiores, mais ricos e mais conhecidos sítios arqueológicos do mundo. Os recursos acumulados possibilitaram a construção maciça de templos por todo o país, principalmente no grande centro de Tebas, onde se desenvolveram Karnak e Luxor (no lado oriental), juntamente com os grandes complexos mortuários (no lado ocidental), que incluem os templos de Hatshepsut e Medinet Habu [23] (Figura 1a,b).

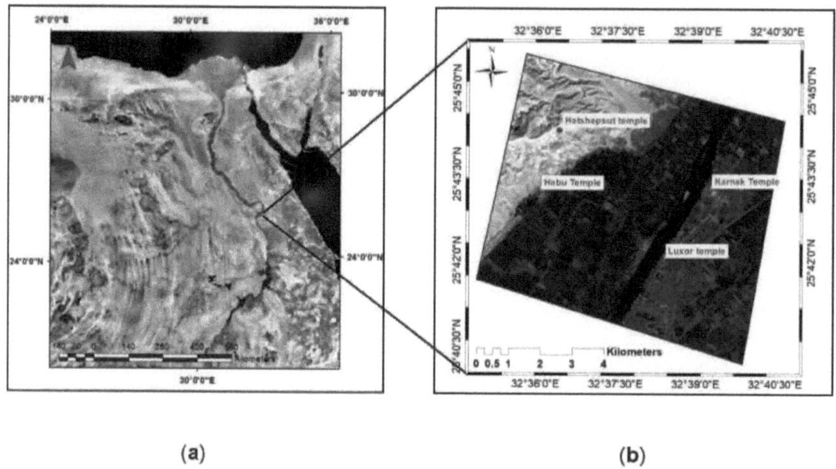

(a) (b)

Figura 1. Mapa do Egito pelo Landsat 7 (**a**) e da área de estudo pelo Sentinel-2 11/2016

(RGB composto 4, 3, 2) (**b**).

1.2. Templos da cidade de Luxor:

1.2.1. Cidade de Luxor LesteTemplos

Os templos de Karnak e Luxort são reconhecidos como exemplos claros do desenvolvimento e crescimento dos magníficos templos egípcios [24]. O grande templo de Karnak era dedicado a Amon, o deus local de Tebas [25]. Durante o Novo Reino, foi criado um novo estilo de procissão no eixo norte-sul, ainda hoje evidente nos templos de Luxor e Amon e no recinto de Mut, a sul. Os templos tinham uma impressionante sala hipostilo e dez pilares maciços, intercalados por pátios (a maior sala hipostilo jamais construída [26]). O teto é sustentado por 20 colunas em duas filas e 32 pilares quadrados

[27] (Figura 2). O grande salão de festas, com 52 pés de profundidade e 144 pés de

6

largura.

Figura 2. Fachada principal do templo de Karnak, a leste de Luxor.

O desenho do templo de Luxor mostra claramente, ainda hoje, a influência atractiva que exerceu sobre o seu primeiro e enorme pátio fora do alinhamento reto. Este espaço transforma-se num paralelogramo inclinado para alcançar o percurso do templo de Karnak e uni-lo ao eixo do santuário do templo de Luxor [28]. A porta central dava acesso a um salão de oito colunas, com outra porta de direção na parede oposta. O centro de um castrum, a porta sul do templo de Luxor, foi bloqueado com uma abside quando os romanos o reutilizaram [29] (Figura 3).

Figura 3. A fachada principal do templo de Luxor, a leste de Luxor.

1.1.1. Luxor OcidentalCidadeTemplos

Alguns dos templos do Alto Egito têm uma torre sobre a antiga planície. O templo mortuário mais bem conservado é conhecido como Medinet Habu de Ramsés III, está relacionado com a 20ª dinastia e situa-se no distrito da margem ocidental do Nilo [30]. Como rei vivo em Medinet Habu, o rei Ramsés III escreve nas paredes do templo: "Construí a minha casa de milhões de anos para (Amon) na necrópole de Tebas" [31]. Até hoje, Medinet Habu, como é agora chamado, ainda existe como o mais famoso templo da margem ocidental do Nilo e o mais extensamente construído dos principais templos do Egito. As paredes caídas, as salas vazias, as celebrações e as devoções que outrora ali se realizavam, dão muitas vezes apenas sugestões dos rituais [32] (Figura 4).

Figura 4. A fachada principal de Medinet Habu, a oeste de Luxor.

A tradição dos edifícios egípcios antigos apresenta frequentemente uma harmonia notável com as propriedades do ambiente natural do Egito: a linha horizontal, os montes, as massas piramidais do deserto e as texturas rectilíneas dos penhascos do vale do Nilo. O templo mortuário da rainha Hatshepsut é um exemplo disso [33]. O santuário original foi construído pela rainha Hatshepsut. Há dúvidas de que a terceira sala do santuário tenha sido um nicho, decorado para oferecer o deus Amun.

Restam bastantes vestígios da fachada do nicho, com representações da rainha Hatshepsut e do rei Tutmosis III em ambos os lados da entrada, o santuário principal dividido em duas salas e três enormes nichos na segunda sala [34] (Figura 5).

Figura 5. A fachada principal do templo de Hatshepsut em Luxor ocidental.

1.3. Estado do ambiente

O clima de Luxor é severamente árido e está classificado como hiperdesértico e de tipo mediterrânico extremo [35]. A taxa de precipitação anual média máxima é de cerca de 0,2 mm. A temperatura média máxima varia entre 11 °C no inverno e 44 °C no verão. O vento varia entre 14,2 mph como máximo e 4,5 mph. A humidade relativa é de 56% na média máxima e de 17% na média mínima [36].

Após a construção da barragem de Aswan, em 1970, o rio Nilo depositou em todo o vale camadas de solo aluvial de grão fino com vários metros de espessura. O resultado deste facto é uma concentração de sais nas camadas superiores do solo sob e perto da superfície das paredes do templo. Isto desempenhou um papel fundamental na contribuição para a deterioração dos monumentos faraónicos no Egito [37] (Figura 6a,b). Por outro lado, os monumentos do Alto Egito são constituídos por arenitos sensíveis originários da região de Gebel el-Silsila [38].

O nível das águas subterrâneas subiu com valores que variam entre 18 cm e 1 m, com uma média de 30 cm/ano. A profundidade das águas subterrâneas na área da cidade de Luxor varia entre 2 e 7 m da superfície do solo. A profundidade mais rasa do nível de água subterrânea é registada na área de El Karnak, enquanto o nível mais profundo ocorre nas áreas desérticas a leste da cidade. Durante os últimos quatro anos, a profundidade do nível das águas subterrâneas está a diminuir continuamente em 5 cm/ano na área do templo de Luxor e em 30 cm/ano na área do templo de El Karnak [39]. Para um terreno médio, a profundidade da água subterrânea flutuou entre cerca de 4 m para o poço número 4 (ao lado do rio Nilo) e cerca de 0,80 m em torno do Templo de Ramesseum.

Os problemas de deterioração das rochas (esboroamento e fracturação) são particularmente críticos na Necrópole Tebana, estando principalmente relacionados com a humidade e as alterações de humidade do leito rochoso [40]. A deterioração dos sítios arqueológicos em Luxor deve-se principalmente à elevação capilar das águas subterrâneas [41] e tende a diminuir a durabilidade dos arenitos monumentais, como no caso dos relevos de Hatshepsut (identificáveis pela presença de uma forma gramatical feminizada na inscrição que os acompanha). Além disso, estes blocos de arenito, assentes diretamente sobre a terra, são facilmente penetrados pelas águas subterrâneas e encontram-se num estado extremamente deteriorado [42] (Figuras 7a,b-10a,b).

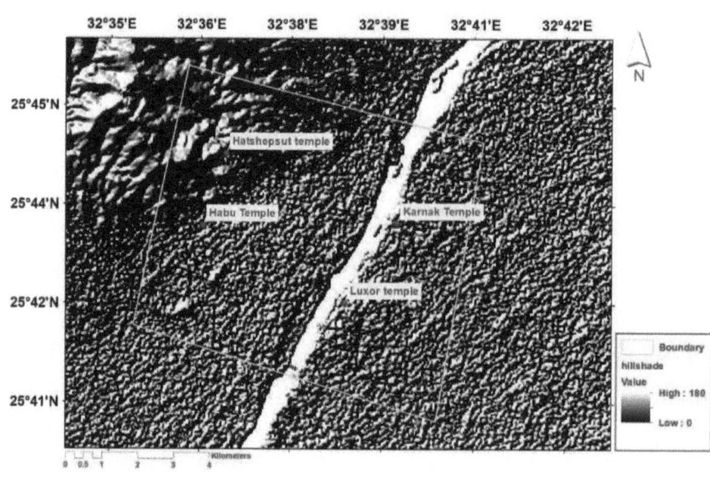

(a)

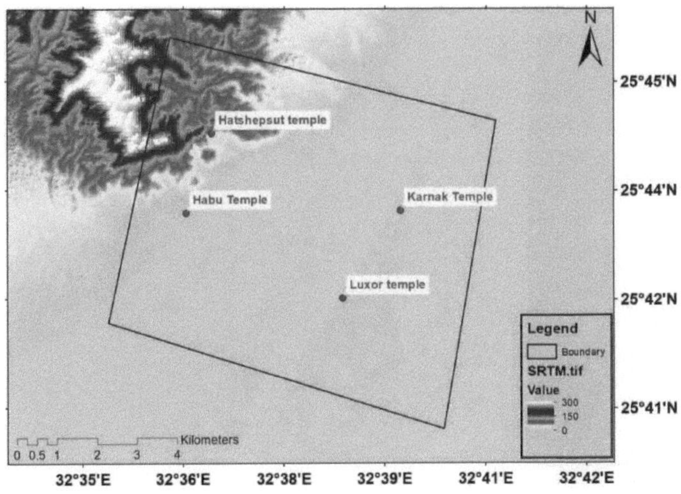

(b)

Figura 6. Sombra de colina (**a**) e bidimensional (2D) (**b**) mostrando as propriedades topográficas e de elevação em torno da área de estudo.

(a)

(b)

Figura 7. Deterioração das paredes do templo de El Karnak (**a**,**b**).

(a)

Figura 8. Deterioração das paredes do templo Medinet Habu (**a**,**b**).

(b)

Figura 9. Deterioração das paredes do templo de Luxor (**a**,**b**).

(a)

(b)

Figura 10. Deterioração das inscrições e escritos nas paredes do templo de Hatshepsut (**a**,**b**).

2. Materiais e métodos

2.1. Materiais

As imagens de satélite necessárias (Quadro 1) para a área de estudo foram descarregadas do USGS Earth Explorer (SRTM, Landsat TM 1984, Coronaj-3 1964) e do sítio Web da ESA Sentinel 2). Por fim, a Autoridade Nacional para a Deteção Remota e as Ciências Espaciais (NARSS) forneceu os dados de alta resolução (Quickbird 2005) e a coleção de folhas topográficas 1:50.000 do Instituto de Estatística do Egito. A folha hidrogeológica e geológica foi recolhida junto da autoridade nacional para a deteção remota e as ciências espaciais. Os dados de referência foram recolhidos sob a forma de pontos de dados de referência utilizando pontos aleatórios da imagem Quickbird. O processamento da interpretação das imagens é efectuado no software Envi 5.1.

Tabela 1. Principais propriedades das imagens de satélite.

Número	Satélite	Sensor	Resolução (M)	Data de aquisição	Fonte
1	Corona	KH-4A	1.8 m	agosto de 1964	USGS
2	Landsat	TM	30 m	outubro de 1984	GLCF
3	Quickbird 2	XS/P	0.6 m	novembro de 2005	NARSS
4	Sentinela	2A	10 m	novembro de 2016	USGS

2.2. Métodos

2.2.1. Processamento de imagens

Combinação de bandas

Os dados de teledeteção tornaram-se uma das fontes de informação mais importantes para o estudo da vegetação, desde a escala continental global até à escala local [43,44]. Em particular, os índices espectrais de vegetação são amplamente utilizados para monitorizar, analisar e cartografar as variações temporais e espaciais da estrutura da vegetação e dos parâmetros biofísicos [45]. A vegetação é um dos componentes mais importantes dos ecossistemas [46]. A utilização do índice de área construída é um método muito simples e rápido para cartografar a área urbana e monitorizar sequencialmente a expansão urbana [47]. Além disso, o solo nu desempenha um papel importante como indicador da expansão urbana [48]. Neste estudo, os índices BSI e BRBA são utilizados e calculados a partir do TM e do Sentinel 2 (ver Equações (1) a (4)). Estes índices estão relacionados com a área construída e com o solo nu, respetivamente.

Em particular, para calcular o rácio de banda para a área construída (BRBA) TM banda 3 e 5 e

Foram utilizadas as bandas 4 e 12 do Sentinel 2, respetivamente. Estes índices são expressos como [49]:

$$BRBATM = Red/SWIR \text{ in Landsat } 4,5 \text{ TM} \tag{1}$$

$$BRBA\ Sent2 = Red/SWIR \text{ in Sentinel } 2 \tag{2}$$

A avaliação do BSI (índice de solo nu) mostrou que as áreas cobertas com cobertura vegetal têm propriedades físico-químicas diferentes das dunas de areia em relação a outras áreas [50]. O índice de solo nu (BSI) é um indicador numérico que se baseia nas bandas espectrais do azul, vermelho, infravermelho próximo e infravermelho de ondas curtas para avaliar as variações do solo [51]:

$$BSITM = ((SWIR + Red) - (NIR + Blue))/((SWIR + Red) + (NIR + Blue))) \text{ in} \tag{3}$$

Landsat TM4,5

$$BSISent2 = ((SWIR+Red)-(NIR+Blue))/((SWIR+Red)+(NIR+Blue))) \text{ in} \tag{4}$$

Sentinel 2

Classificação supervisionada de imagens

A técnica de classificação supervisionada, aqui adotada, foi baseada na máxima verossimilhança e em conjuntos de treinamento (assinaturas) que foram fornecidos pelo conhecimento prévio de campo. As mudanças são identificadas comparando a categorização obtida para cada ano (Corona 1964, Landsat TM 1984, Quickbird

2005 e Sentinel-2A 2016) que foi investigado. A utilização dos dados do Corona é muito importante para clarificar as alterações entre 1964 e 2016 (a data de aquisição do Corona é 1964), e estes dados são considerados de alta resolução (1,8 M). Todas as imagens são dados multi-espectrais, mas o Corona é um dado de uma banda. A classificação não supervisionada foi efectuada para Landsat TM 1984, Quickbird 2005 e Sentinel-2A 2016 no software Envi, mas para o Corona no software ArcGIS. A imagem Corona foi dividida em dez classes. Cinco classes foram selecionadas através da ferramenta de re-classes no software ArcGIS. As camadas supervisionadas de todas as imagens foram transformadas em shapefiles digitais no software ArcGIS para processar as medições. Finalmente, as alterações nas áreas foram medidas para detetar as alterações entre 1964 e 2016 nas camadas urbanas.

Avaliação da exatidão

Para avaliar a exatidão das áreas com alterações obtidas, as imagens de alterações classificadas foram comparadas com os dados de referência correspondentes utilizando a estatística Kappa tradicional e a exatidão global. A avaliação da precisão foi obtida separando aleatoriamente o conjunto de dados em dois subconjuntos: treino e teste. O desempenho do classificador foi avaliado utilizando um conjunto de teste independente e equilibrado (número de amostras em classes diferentes muito próximas umas das outras), para evitar que, utilizando um conjunto desequilibrado, a taxa de erro do classificador não fosse representativa do seu verdadeiro desempenho.

Em pormenor, a estatística kappa mede a exatidão da classificação, tendo em conta os erros de omissão e de comissão. A estatística Kappa é definida (ver Equação (5)) [52]:

K = (exatidão observada - concordância casual)/(1 - concordância casual)   (5)

A precisão da classificação também foi estimada a partir de locais de teste in situ que foram selecionados como região de interesse (350 pontos; 70 pontos relacionados com a área urbana, área agrícola, área de massas de água e área desértica) utilizando o coeficiente Kappa e a precisão global (Quadro 2).

Os resultados mostraram que, no ano de 1984, o coeficiente kappa foi de 0,73 e a exatidão global foi de 78,57%. Para o período seguinte, 2005, o coeficiente kappa diminuiu para 0,65 com 72,71% de exatidão global. Finalmente, o coeficiente kappa aumentou para 0,945 e a exatidão global foi de 97,94% (Figura 11).

Tabela 2. Coeficiente Kappa e precisão global das regiões de interesse (ROIs) para cada período.

	Área de Luxor	
Ano	Kappa Coeficiente	Precisão geral
1984	78.5714%	0.7306
2005	72.7135%	0.6501
2016	97.9401%	0.9450

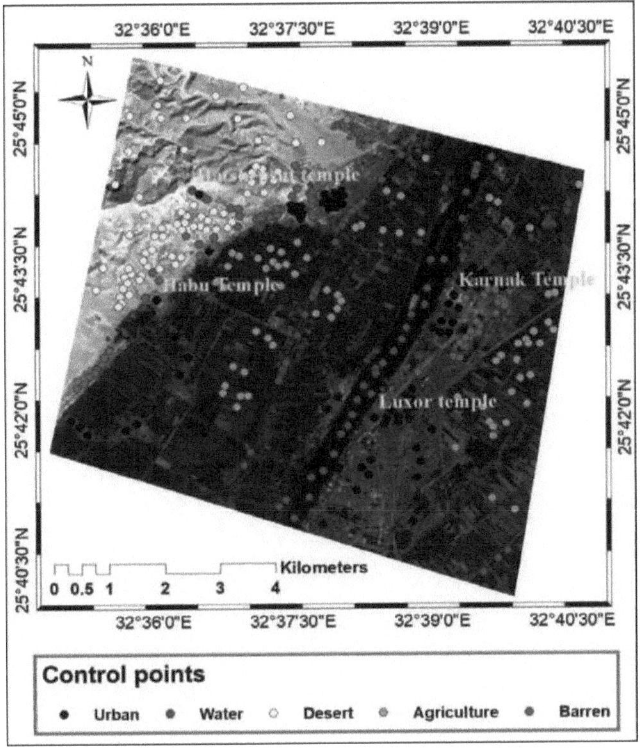

Figura 11. Pontos de controlo utilizados para o Sentinel-2A (20 de fevereiro de 2017)

RGB 4,3,2.

3. Resultados e discussão

A análise das imagens Corona (1964), Landsat TM (1984), Quickbird (2005) e Sentinel 2 (2016) adquiridas para a área de Luxor revelou que as áreas urbanas aumentaram cerca de 7,792 km^2 de 1964 a 1984, e cerca de 2,734 km^2 de 1984 a 2005 e, finalmente, cerca de 1,763 km^2 de 2005 a 2016 (Tabela 3) (Figuras 12 e 13). Neste estudo, as mudanças urbanas a partir de imagens de satélite tiradas formam a mesma área de estudo em diferentes datas de aquisição. Em particular, a análise da imagem Corona, Landsat TM, Quickbird e Sentinel-2A em Luxor revelou que o solo urbano aumentou cerca de 63,4% de 1964 a 1984, cerca de 22,31% de 1984 a 2005 e cerca de 14,34% de 2005 a 2016. Isto significa que o aumento da área urbana se registou da mesma forma entre 1964 e 2016 na área de Luxor. É muito claro que o aumento da área de Luxor entre 1964 e 1984 tem uma percentagem muito elevada de 63,4%. Por outro lado, a média anual do aumento da camada urbana apresentou cerca de 236,32 m^2 . Os nossos antecedentes sobre a área de estudo expõem que este aumento está relacionado com as actividades turísticas em torno da área arqueológica. Além disso, observa-se que a invasão do solo urbano em Luxor ocorreu nos limites próximos do deserto, especialmente na margem ocidental do rio Nilo. As principais razões para os problemas ambientais na zona dos templos estão relacionadas com a invasão não planeada, as más redes de esgotos e as drenagens agrícolas.

Table 3. Alterações totais nas áreas urbanas e agrícolas (expressas em km^2) na área de Luxor.

Estudo Classe	1964 Área (km)^2	Alterar Deteção ± km^2	1984 (km)^2	Alterar Deteção ± km^2	2005 (km)^2	Alterar Deteção ± km^2	2016 (km)^2
Urbano Luxor	4.539	7.792	12.331	2.734	15.065	1.763	16.828

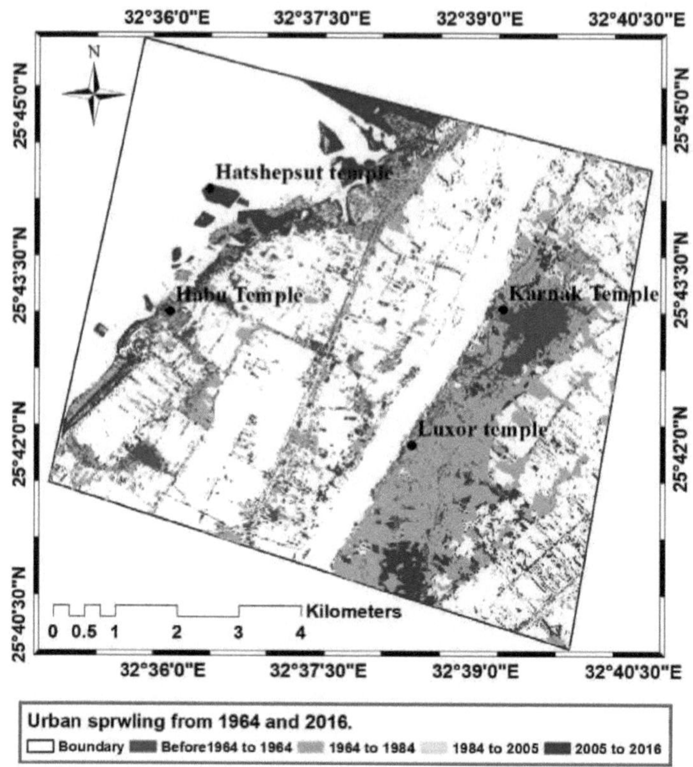

Figura 12. Evolução da área urbana entre 1964 e 2016.

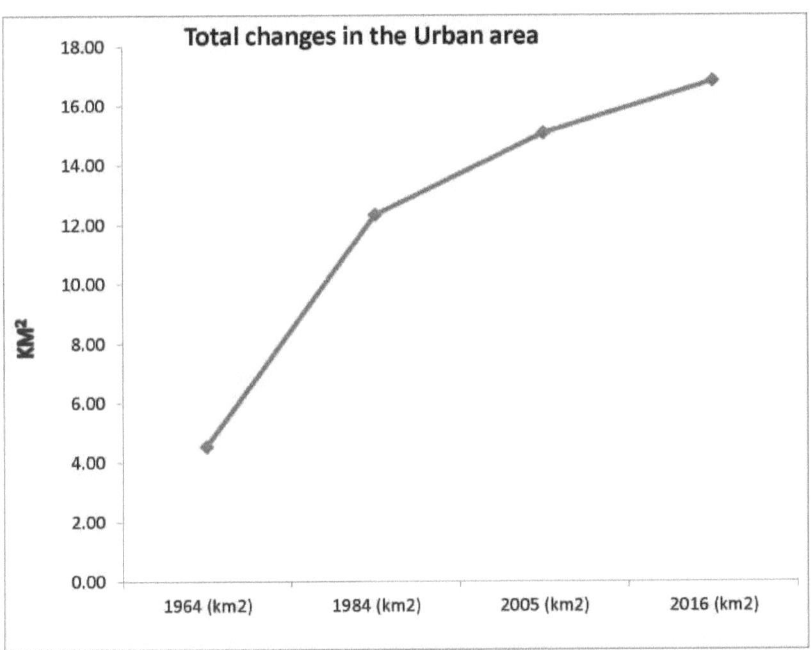

Figura 13. Total de alterações na área urbana pelo gráfico.

A avaliação da exatidão foi construída por comparação entre pontos padrão (urbano, agrícola, deserto, água e área estéril), que foram escolhidos na imagem Sentinel-2A (alta resolução de 10 m) e o resultado das classificações no ENVI 5.1 (pós-classificação, matriz de confusão e utilização da verdade terrestre (ROIs). Este método foi utilizado para medir a veracidade da classificação nas imagens classificadas através da exatidão global (dividindo o número total de pixels corretos (diagonal) pelo número total de pixels na matriz de erros) e do coeficiente Kappa (medida de concordância entre o mapa de classificação e os dados de referência).

Foram utilizadas técnicas de combinação de bandas para identificar as alterações nos índices de vegetação e de edificado entre 1984 e 2016. A avaliação incluiu dois índices BRBA (Band Rotation for Built up Area) e BSI (bare soil index). O resultado deste estudo, baseado na classificação dos índices BRBA, mostrou que no Luxemburgo há um aumento contínuo das áreas urbanas. Este facto pode ser observado em 2016 a partir da imagem classificada. Em particular, as áreas urbanas e as estradas foram construídas depois de 1984 no leste, no centro, bem como nos lados ocidentais da área (Figura 14), e na direção sudoeste. Além disso, os índices BSI mostraram a extensão da área agrícola dentro da área de estudo na direção noroeste. A construção era geralmente muito clara na vegetação a partir da disposição do BSI na data de 2016 (Figura 15).

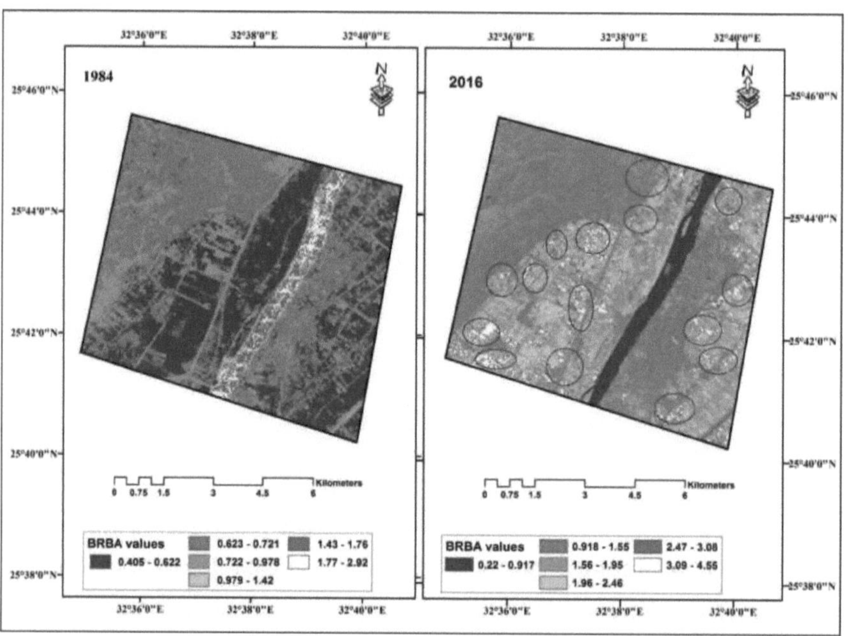

Figura 14. As mudanças nos índices de Rotação de Banda para Área Construída (BRBA) na área entre 1984 e 2016.

Foram efectuados muitos estudos ambientais na área de Luxor [53-63]. A maior parte destas referências centrou-se na hidrologia, na geologia e no clima para monitorizar o estado ambiental em torno das áreas arqueológicas, que são necessárias, mas realizadas utilizando os métodos clássicos.

Atualmente, as imagens de satélite como sentinela 2 estão sistematicamente disponíveis gratuitamente para uma grande cobertura e podem ser utilizadas para uma cartografia precisa, bem como para documentar e analisar as actividades humanas históricas e contemporâneas em torno de sítios do património cultural [64].

Luxor é um local obrigatório para o turista que visita o Egito pela sua incrível riqueza de antiguidades, pela beleza natural e pelo rio Nilo. As antiguidades e os monumentos remontam às primeiras dinastias faraónicas (3000 a.C.), para além dos períodos romano, copta e islâmico. Entre outros, os principais marcos de Luxor incluem sítios do "património mundial", como os túmulos reais do Vale dos Reis, o Vale das Rainhas e os Túmulos dos Nobres. Inclui também obras-primas, como os Colossos de Memnon, o Templo de Karnak (o templo faraónico mais imponente de todo o Egito) e o Templo de Luxor. Representam alguns dos melhores exemplos dos primórdios da civilização da humanidade e contam-se entre as suas maiores realizações culturais. Por isso, sempre fascinou os viajantes de todo o mundo. O turismo em Luxor tem sido uma das principais actividades económicas da maioria da sua população, uma vez que é a fonte de vários empregos e oportunidades de negócio. A economia local depende, portanto, em grande medida, do turismo. Para além da importância da cidade de Luxor como ponto turístico e do aumento do número de habitantes na cidade de Luxor, a maior parte da invasão urbana tem-se concentrado nas zonas arqueológicas.

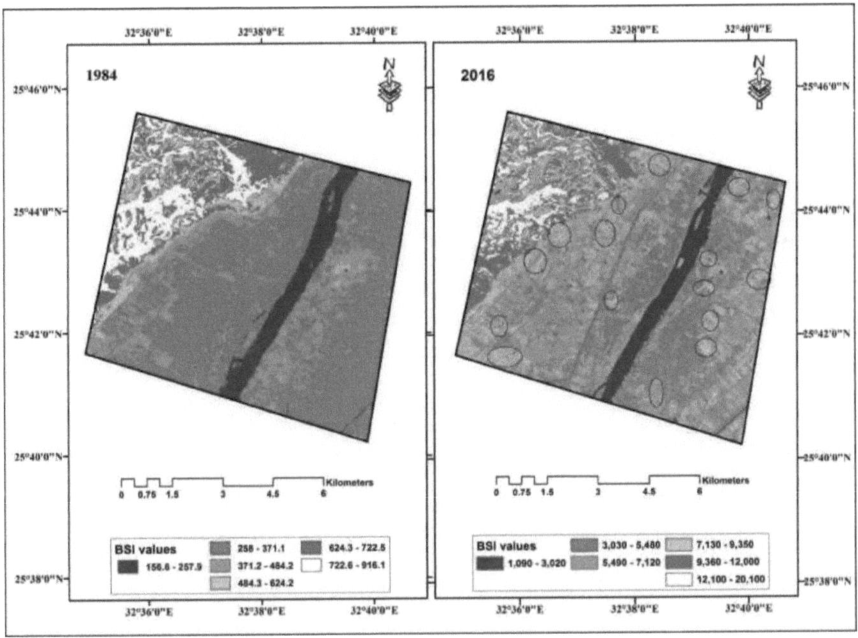

Figura 15. As mudanças nos índices de índice de solo nu (BSI) na área entre 1984 e 2016.

As redes de águas residuais e de água potável não planeadas são resultados inevitáveis da expansão urbana aleatória em torno dos templos-monumentos. Neste artigo, propomos a utilização de arquivos históricos juntamente com aquisições recentes de satélites, a fim de recuperar a informação passada e estabelecer uma monitorização sistemática das alterações em curso utilizando aquisições actuais de satélites. A análise incide sobre os quatro templos da cidade de Luxor (Egito). Os resultados deste estudo foram desenvolvidos tirando partido do SIG e da RS com base na utilização de uma variedade de factores ambientais.

Em particular, a análise do Corona 1964, Landsat TM 1984, Quickbird 2005, e Sentinel 2 2016 na cidade de Luxor revelou que as áreas urbanas aumentaram cerca de 63,4% entre 1964 e 1984, cerca de 22,3% entre 1984 e 2005, e finalmente cerca de 14,3% entre 2005 e 2016. Observa-se que o nível mais elevado de crescimento urbano ocorreu entre 1964 e 1984; esta curva desceu de 1984 a 2005 e voltou a aumentar de 2005 a 2016.

4. Recomendação

A informação sobre as mudanças em curso na área investigada, obtida a partir da análise multitemporal, pode apoiar de forma frutuosa a gestão inteligente das áreas arqueológicas, em particular fornecendo informações para a definição de zonações, tal como normalmente exigido pela UNESCO para a preservação do património. As recomendações seguintes destacam o papel operacional que a deteção remota pode ter para apoiar de forma proveitosa a gestão e o processo de decisão. De acordo com os relatórios periódicos da UNESCO de 2017 (ver, por exemplo, (http://whc.unesco.org/en/soc/3597 e http://whc.unesco.org/en/soc/751) sobre o estado desta área arqueológica, os principais factores que afectam a propriedade arqueológica são os seguintes:

- Destruição deliberada do património
- Inundações
- Habitação
- Impactos do turismo/visitante/recreação
- Conversão de terrenos
- Actividades de gestão
- Sistemas de gestão/plano de gestão
- Água (chuva/lençol freático)
- Outras ameaças

Os relatórios da UNESCO dos anos anteriores referem, entre outros, os seguintes factores, que se considera afectarem negativamente o bem:

- Subida do nível das águas subterrâneas
- Riscos de inundação (Vales dos Reis e das Rainhas)
- Ausência de um plano de gestão global
- Grandes projectos de infra-estruturas e de desenvolvimento em curso ou previstos
- Desenvolvimento urbano descontrolado
- Habitação e invasão agrícola na margem ocidental do Nilo

De acordo com as sugestões da Estratégia para a Redução de Riscos em Bens do Património Mundial, apresentadas e aprovadas pelo Comité do Património Mundial na sua 31ª sessão em 2007, as acções prioritárias devem ser estruturadas em torno das necessidades de reforçar a proteção do Património Mundial e, ao mesmo tempo, contribuir para a sua sustentabilidade:

(I) . As tecnologias espaciais actuais poderiam ser incorporadas nas tecnologias tradicionais para melhorar a análise ambiental, seguindo Lasaponara et al. [65-69] e as abordagens propostas pela UNESCO no Programa Homem e Biosfera (MAB), que se baseiam na aplicação do conceito de "reservas da biosfera

(II) . Em Luxor, a atenuação dos riscos pode ser efectuada através de um "sistema de zonagem" que aplica diferentes políticas de gestão a diferentes zonas {50 m}. A zona arqueológica deve ser rodeada por três áreas, tal como sugerido pela UNESCO. A primeira área para monitorização; a segunda para investigação, experimentação, educação e formação; e a terceira área para turismo e recreação (Figura 16). O zonamento proposto baseia-se na consideração de que, no caso do templo de Hatshepsut, as áreas identificadas têm de dar resposta à necessidade de

(III) . Como resultado do mau estado ambiental em torno da área arqueológica de Luxor, torna-se muito necessário escolher alguns locais adequados para escavar algumas trincheiras, a fim de recolher as águas subterrâneas, incluindo as águas residuais originadas pela expansão urbana descontrolada (para fazer face às necessidades destacadas nos relatórios da UNESCO). A Figura 17 mostra a localização das trincheiras que estão ligadas a bombas definidas tendo em conta a informação auxiliar e o declive da área, também representado na Figura 17.

Tendo em conta o declive e as caraterísticas topográficas da área, estas trincheiras, ligadas a bombas, devem ser localizadas a uma profundidade de cerca de 9 m. Além disso, estas águas residuais serão transferidas para uma estação de reciclagem de água, que finalmente as moverá para o canal mais próximo, para purificar a água, tornando-as adequadas para a irrigação.

(IV) . No futuro próximo, investigações adicionais baseadas na metodologia de modelação SIG serão também dirigidas à identificação de locais alternativos para áreas urbanas e actividades agrícolas, a fim de minimizar o seu impacto adverso nos bens culturais. Os potenciais locais viáveis serão identificados com base em factores de impacto externo, tais como estradas, DEM, área arqueológica, terrenos agrícolas e urbanos (ver Figuras 17 e 18), para fins de gestão, seguindo as recomendações da UNESCO.

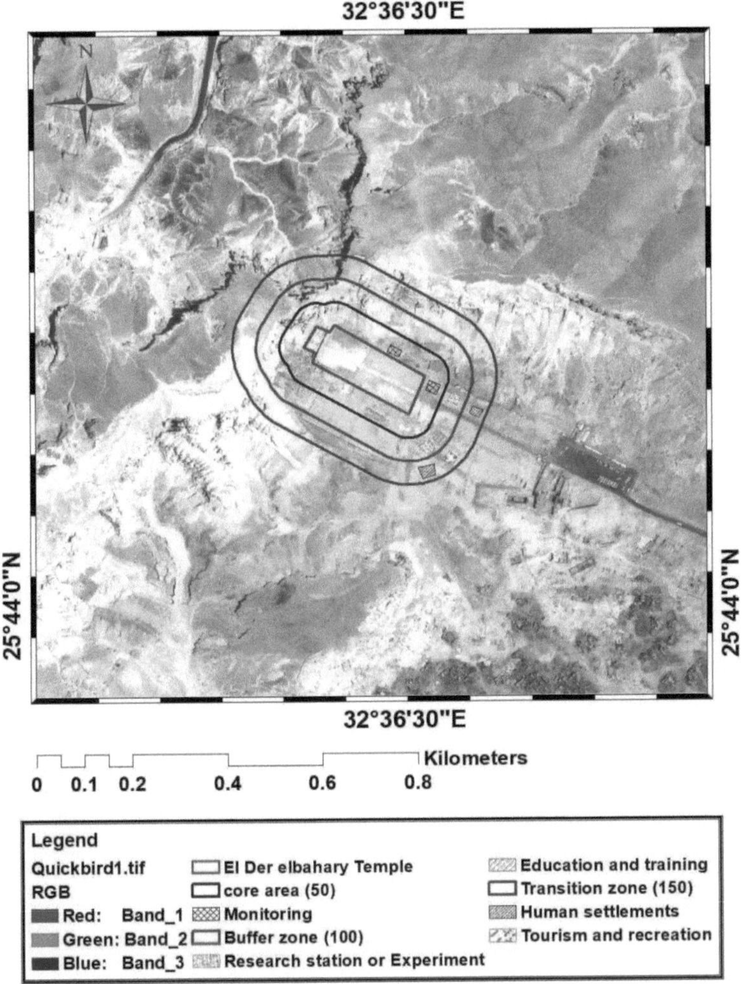

Figura 16. Zonas propostas em redor do templo de Hatshepsut por imagem de satélite Quick bird 2005 (RGB).

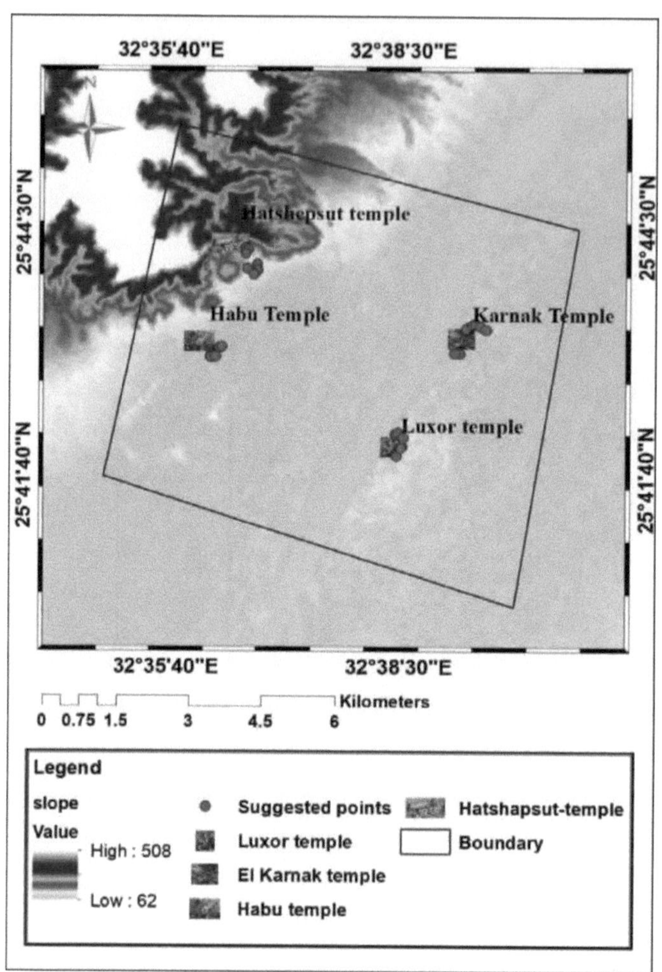

Figura 17. Pontos propostos para as trincheiras recomendadas em torno dos templos.

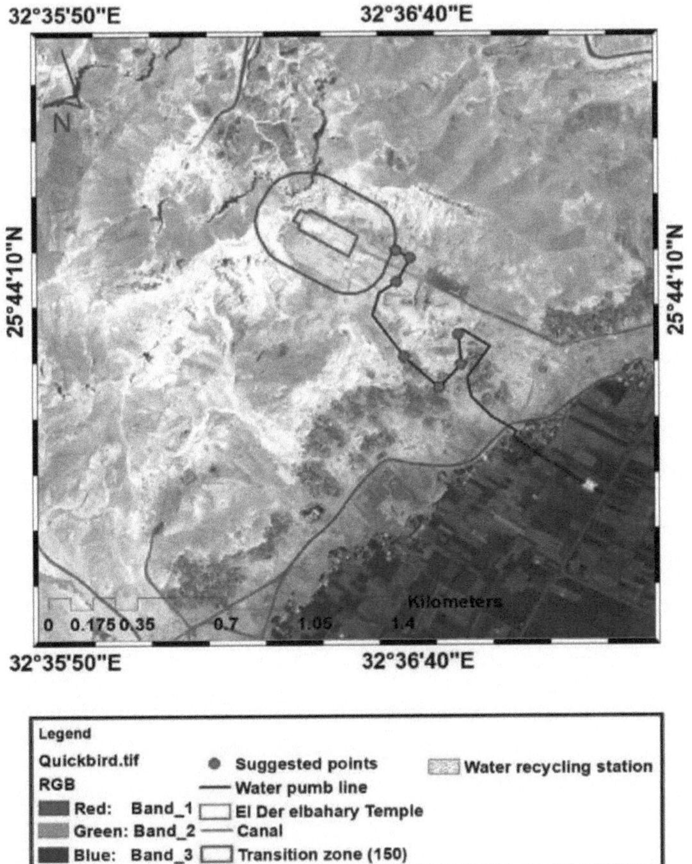

Figura 18. Proposta de modelação SIG em torno do templo de Hatshepsut com base na imagem de satélite Quick Bird de 2005 (RGB).

5. Conclusões

As recentes melhorias nas tecnologias de observação da Terra oferecem caraterísticas técnicas avançadas que permitem novas aplicações especificamente para a documentação, valorização, monitorização de riscos e preservação do património cultural. Em particular, as missões espaciais mais recentes, como a Sentinela da ESA, têm como objetivo específico a estimativa e a gestão dos riscos, sistematicamente adquiridos para todo o globo.

Este estudo apresenta a possibilidade de utilizar estas ferramentas tecnológicas modernas em termos de conceção e planeamento de uma utilização inteligente e sustentável dos recursos do património cultural. Os objectivos das nossas investigações centraram-se na estimativa do efeito do arrastamento urbano em torno de alguns templos da cidade de Luxor, que é consideravelmente afetada por mudanças contínuas. O estudo mostrou que a maior parte dos problemas ambientais em torno das áreas arqueológicas tem origem no elevado nível de profundidade das águas subterrâneas e a razão essencial é a invasão urbana não planeada. Os resultados da nossa análise realizada com dados adquiridos em 1964, 1984, 2005 e 2016 mostraram a dimensão espacial das mudanças nas áreas urbanas e agrícolas que apareceram claramente nas imagens de classificação e nos índices extraídos. Com base na análise, realizamos ações de mitigação que também foram identificadas e sugeridas. Foi proposto e mapeado um "Sistema de Zonação" para subsidiar as estratégias de preservação que podem se beneficiar de diferentes políticas de gestão elaboradas para as diferentes zonas identificadas.

A gestão e a exploração sustentáveis, bem como as estratégias de conservação e atenuação, são obrigatórias para reduzir os fenómenos de degradação, as ameaças e as acções humanas que podem acelerar a dinâmica da degradação ou produzir uma deterioração e/ou alteração significativa do património cultural e do "seu ambiente". Neste contexto, as tecnologias de deteção remota podem oferecer dados úteis para atualizar atempadamente a informação e a documentação, bem como ferramentas fiáveis para a monitorização sistemática dos bens culturais. A enorme disponibilidade de dados avançados de deteção remota abriu hoje novos desafios e informações prospectivas que eram impensáveis há alguns anos. Em particular, no caso dos sítios arqueológicos e da paisagem, a teledeteção pode fornecer dados úteis não só para sondar a subsuperfície e revelar sítios e artefactos, mas também para a gestão, valorização e preservação, para detetar alterações e para avaliar a degradação e as ameaças emergentes.

6. Agradecimentos:

Este artigo é uma parte da tese de doutoramento de Abdelaziz Elfadaly, pelo que os autores gostariam de agradecer ao Conselho Nacional de Investigação italiano (CNR) em Tito Scalo, Potenza, pelo apoio às actividades de investigação. Um agradecimento especial à Autoridade Nacional para a Deteção Remota e Ciências Espaciais (NARSS) pelo financiamento dos dados de satélite. Agradecemos também à Universidade de Basilicata pelo apoio às actividades de doutoramento de Abdelziz Elfadaly.

Contribuições dos autores:

O artigo de investigação incluiu três contribuições principais: arqueologia, hidrogeologia e técnicas de deteção remota. Osama Wafa, Mohamed Abouarab e Pier Spanu forneceram as descrições dos monumentos. As técnicas de deteção de alterações e de índices de deteção remota foram analisadas por Rosa Lasponara e Abdelaziz Elfadaly. Os problemas ambientais foram analisados por Antonella Guida. A última versão do artigo foi revista por Rosa Lasaponara, Pier Spanu e Antonella Guida.

Conflitos de interesse:

os autores declaram que não houve conflito de interesses na recolha, análise e interpretação dos dados; na redação do manuscrito e na decisão de publicar os resultados. Os autores gostariam também de declarar que o financiamento do estudo foi apoiado pelas instituições dos autores.

7. Referências

1. Lasaponara, R.; Masini, N. Deteção remota por satélite em arqueologia: Passado, presente e perspectivas futuras. *J. Archaeol. Sci.* **2011**, *38*, 1995-2002.

2. Lasaponara, R.; Masini, N. Radar de abertura sintética de satélite em arqueologia e paisagem cultural: Uma visão geral. *Archaeol. Prospect.* **2013**, *20*, 71-78.

3. Chen, F.; Lasaponara, R.; Masini, N. Uma visão geral da deteção remota por radar de abertura sintética por satélite em arqueologia: Da deteção de sítios à monitorização. *J. Cult. Herit.* **2017**, *23*, 5-11.

4. Cigna, F.; Lasaponara, R.; Masini, N.; Milillo, P.; Tapete, D. Processamento de interferometria de dispersão persistente de séries temporais COSMO-SkyMed StripMap HIMAGE para representar a deformação do centro histórico de Roma, Itália. *Sensores Remotos.* **2014**, *6*, 12593-12618.

5. Lasaponara, R.; Leucci, G.; Masini, N.; Persico, R.; Scardozzi, G. Para uma utilização operativa da teledeteção na exploração do passado através de dados de satélite: O caso de estudo de Hierápolis (Turquia). *Remote Sens. Environ.* **2016**, *174*, 148-164.

6. Beck, A.; Philip, G.; Abdulkarim, M.; Donoghue, D. Avaliação das imagens de satélite de alta resolução Corona e Ikonos para prospeção arqueológica na Síria Ocidental. *Antiquity* **2007**, *81*, 161-175.

7. Wilkinson, K.; Philip, G.; Beck, A. Imagens de satélite como recurso na prospeção de sítios arqueológicos na Síria central. *Geoarchaeology* **2006**, *21*, 735-750.

8. Parcak, S. Satellite Remote Sensing Methods for Monitoring Archaeological Tells in the Middle East (Métodos de Deteção Remota por Satélite para Monitorização de Vestígios Arqueológicos no Médio Oriente). *J. Field Archaeol.* **2007**, *32*, 65-81.

9. Etaya, M.; Sudo, N.; Sakata, T. Deteção de vestígios egípcios antigos no subsolo utilizando dados de satélite ópticos e de micro-ondas. In Proceedings of the 2000 IEEE International Geoscience and Remote Sensing Symposium, Honolulu, HI, EUA, 24-28 de julho **de 2000**; Volume 6, pp. 2480-2482.

10. Robinson, C.A. Potencial e aplicações das imagens de radar no Egito. *Egito. J. Remote Sens. Space Sci.* **1998**, *1*, 25-56.

11. Parcak, S. Site survey in Egyptology. Em *Egyptology Today* ; Wilkinson, R.H., Ed.; Cambridge University Press: Cambridge, Reino Unido, **2008**; pp. 57-76.

12. Stewart, Ch.; Lasaponara, R.; Schiavon, G. Análise ALOS PALSAR do sítio arqueológico de Pelusium. *Archaeol. Prospect.* **2013**, *2*, 109-116.

13. Relatório da Unesco. Disponível em linha: http://whc.unesco.org/en/soc/3597 (acedido em 15 de novembro de 2017).

14. Relatório da Unesco. Disponível em linha: http://whc.unesco.org/en/soc/751 (acedido em 15 de novembro de 2017).

15. Masini, N.; Capozzoli, L.; Chen, P.; Chen, F.; Romano, G.; Lu, P.; Tang, P.; Sileo, M.; Ge, Q.; Lasaponara, R. Para uma utilização operacional da geofísica para a arqueologia em Henan (China): Abordagem metodológica e resultados em Kaifeng. *Sensores Remotos.* **2017**, *9*, 809.

16. Themistocleous, K.; Ioannides, M.; Agapiou, A.; Hadjimitsis, D.G. A metodologia de documentação de sítios do património cultural utilizando fotogrametria, UAV e técnicas de impressão 3D: O estudo de caso da Igreja Asinou em Chipre. *RSCy2015*, 953510-953511, doi:10.1117/12.2195626.

17. Tapete, D.; Cigna, F.; Donoghue, D.N.M. Looting marks in space-borne SAR imagery: Medição de taxas de pilhagem arqueológica em Apamea (Síria) com TerraSAR-X Staring Spotlight. *Remote Sens. Environ.* **2016**, *178*, 42-58.

18. Tapete, D.; Cigna, F. Dados InSAR para avaliação de riscos geológicos em sítios do Património Mundial da UNESCO: estado da arte e perspectivas na era Copernicus. *Int. J. Appl. Earth Obs. Geoinf.* **2017**, *63*, 24-32.

19. Agapiou, A.; Lysandrou, V.; Hadjimitsis, D. Optical Remote Sensing Potentials for Looting Detection (Potenciais de deteção remota ótica para deteção de pilhagem). *Geociências* **2017**, *7*, 98.

20. Disponível em linha: http://whc.unesco.org/en/conventiontext/ (acedido em 15 de novembro de 2017).

21. Disponível em linha: http://whc.unesco.org/en/danger/ (acedido em 15 de novembro de 2017).

22. Weeks, K.R.; Hetherington, N.J. *O Vale dos Reis, Luxor, Egito: Site Management Master Plan*; Theban Mapping Project, Cairo, Egito. 2006, p. 27.

23. Lloyd, A.B. A Companion to Ancient Egypt. John Wiley & Sons, Hoboken, Nova Jersey, EUA. 2010, Volume 1, p. 442.

24. Wilkinson, R.H. *The Complete Temples of Ancient Egypt (Os Templos Completos do Antigo Egito)*, primeira edição. Thames & Hudson, Londres, Reino Unido. p. 47.

25. Murray, M.A. *Egyptian Temples* ; Sampson Low Marston & Co., Ltd: Londres, Reino Unido, 2005; pp. 65-105.

26. Bell, C. Uma cultura intemporal: Egyptian Architecture & Decorative Arts. Disponível online: http://bellcr.com/wp-content/uploads/2006/01/Egyptian-Architecture.pdf. (acedido em 21 de novembro de 2017)

27. Cust, L.H. *Luxor e os seus templos*; Billing and Sons, Ltd: Guildford, Reino Unido; Eshek, Grã-Bretanha; 1923; pp. 58-59.

28. Harbison, R. *Travels in the History of Architecture* ; MPG Books Ltd.: Bodmin, Cornwall, UK, 2009, pp. 26-27.

29. Bell, L. LuxorTemple and the Cult ofthe Royal Ka. *J. Near East. Stud.* **1985**, *44*, 251294.

30. Nelson, H.H.; Holscher, U. *Buried History, Publicações do Instituto Oriental da Universidade de Chicago*;

https://oi.uchicago.edu/sites/oi.uchicago.edu/files/uploads/shared/docs/ar/28-59/1934_BuriedHistory.pdf, Universidade de Chicago, Egypt Exploration Society,

Londres, Reino Unido, 1934, p. 6. (acedido em 21 de novembro de 2017)

31. Nelson, H.H. O Templo Egípcio: Os templos tebanos do período do império. (Boston, Estados Unidos). Em *The Biblical Archaeologist*; American Schools of Oriental Research, Boston, EUA, 1944. Volume 7, pp. 44-53.

32. Lesko, B.S. Royal Mortuary Suites of the Egyptian New Kingdom (Suites mortuárias reais do Novo Reino Egípcio). *Am. J. Archaeol.* **1969**, *73*, 453-458.

33. Holden, L. O templo egípcio virtual. Em *EdMedia: Conferência Mundial sobre Media e Tecnologia Educativa*; Associação para o Avanço da Informática na Educação

(AACE). Waynesville, NC 28786 EUA. 2006; pp. 3-4.

34. Szafrahski, Z.E. Templo de Hatshepsut em Deir El-Bahari, TEMPORADA 2006/2007. *Pol. Archaeol. Mediterr.* **2007**, *19*, 250-268.

35. Cuezva, S.; Garcia-Guinea, J.; Fernandez-Cortes, A.; Benavente, D.; Ivars, J.; Galan, J.M.; Sanchez, M. Composição, usos, proveniência e estabilidade de rochas e argamassas antigas num túmulo tebano em Luxor (Egito). *Mater. Struct.* **2016**, *49*, 941-960.

36. Disponível em linha: https://www.worldweatheronline.com/luxor-weather/qina/eg.aspx (acedido em 15 de novembro de 2017).

37. Campos, E. Um modelo de fluxo de águas subterrâneas para danos relacionados com a água em monumentos históricos - Estudo de caso West Luxor Egypt. *Vatten* **2009**, *65*, 247-254.

38. Fitzner, B.; Heinrichs, K.; La Bouchardiere, D. Danos causados pela intempérie em monumentos de arenito faraónico em Luxor-Egito. *Build. Environ.* **2003**, *38*, 1089-1103.

39. Selim, S.A.; Khedr, E.S.; Falasteen, A.W.; Kamel, E.R. Razões da subida local do nível das águas subterrâneas na zona de Luxorcity, cenário físico superior Geomorfologia climática. In Proceedings of the 5th International Conference on the

Geology of the Arab World, Giza, Egito, 21-24 de fevereiro de 2000; pp. 901-910.

40. Mclane, J.; Wust, R. Flood Hazards and Protection Measures in the Valley of the Kings (Perigos de inundação e medidas de proteção no Vale dos Reis). *Cult. Resour. Manag.* **2000**, *23*, 35-38.

41. Ahmed, A.A.; Fogg, G.E. The impact of groundwater and agricultural expansion on the archaeological sites at Luxor, Egypt (O impacto das águas subterrâneas e da expansão agrícola nos sítios arqueológicos de Luxor, Egito). *J. Afr. Earth Sci.* **2014**, *95*, 93-104.

42. Roehrig, C.H.; Dreyfus, R.; Keller, C.A. *Hatshepsut from Queen to Pharaoh*; The Metropolitan Museum of Art: NewYork, EUA, 2006; pp. 181-182.

43. Moreira, E.P.; Valeriano, M.d.M.; Sanches, I.D.A.; Formaggio, A.R. Efeito topográfico em índices espectrais de vegetação a partir de dados Landsat Tm: A correção topográfica é necessária? *Bol. Ciências Geodésicas* **2016**, *22*, 95-107.

44. Gitelson, A.A.; Kaufman, Y.J.; Stark, R.; Rundquist, D. Novel algorithms for remote estimation ofvegetation fraction. *Remote Sens. Environ.* **2002**, *80*, 76-87.

45. Chandra, P. Avaliação do desempenho de índices de vegetação utilizando dados de deteção remota. *Int. J. Geomat. Geosci.* **2011**, *2*, 231-240.

46. Fu, A. Urban Growth and LULC Change Dynamics Using Landsat; Disponível online: https://uwspace.uwaterloo.ca/bitstream/handle/10012/8271/Fu Anqi.pdf;sequence=3, uma tese apresentada à Universidade de Waterloo em cumprimento do requisito de tese para o grau de Mestre em Geografia Waterloo, Ontário, Canadá, 2014, p. 116. (acedido em 21 de novembro de 2017)

47. Li, S.; Chen, X. Um novo índice de solo descoberto para cartografia rápida de áreas em desenvolvimento utilizando dados do Landsat 8. *Int. Arch. Photogramm. Sensores Remotos. Inf. Espacial. Sci.* **2014**, *40*, 139-144.

48. Waqar, M.M.; Mirza, J.F.; Mumtaz, R.; Hussain, E. Desenvolvimento de novos índices para extração de área construída e solo nu. *Acesso aberto à ciência. Rep.*

2012, *1*, 1-4.

49. Hashemimanesh, M.M.; Matinfar, H.R.; Alavipanah, S.K.; Zehtabian, G. Landsat thermal band efficiency on characterizing mulched soil surface. *Int. Agrophys. J.* **2012**, *26*, 249-257.

50. Konda, A.; Hongo, D.; Ichikawa, H.; Koji Kajiwara, H.Y.; Honda, Y. O estudo do índice de estrutura da vegetação usando a propriedade BRF com sensores de satélite. *Image (Rochester N. Y.)* **2002**, *12*, 8-11.

51. Senseman, G.M.; Bagley, C.F.; Tweddale, S.A. AccuracyAssessmentofthe Discrete Classification of Remotely-Sensed Digital Data for Landcover Mapping; Disponível online: http://www.dtic.mil/docs/citations/ADA296212 (acedido em 21 de novembro de 2017). (acedido em 21 de novembro de 2017)

52. Ahmed, A.A.; Fogg, G.E.; Gameh, M.A. Utilização da água em Luxor, Egito: Análise do consumo
e previsão da procura futura. *Environ. Earth Sci.* **2014**, *72*, 1041-1053.

53. Agência dos EUA para o Desenvolvimento Internacional (USAID). *Declaração de âmbito para o rebaixamento das águas subterrâneas da CIDADE DO LUXOR em locais de antiguidades na Cisjordânia*; Organização Nacional para a Água Potável e a Drenagem Sanitária (NOPWASD), Cairo, Egito; 2007; pp. 1-64.

54. AbouelFadl, S.; El-lithy, K. ImpactAssessment of Global Warming on Egypt (Avaliação do impacto do aquecimento global no Egito). 2014. pp. 352-360.

https://www.academia.edu/10487070/Impact_Assessment_of_Global_warming_on _E gypt (acedido em 15 de novembro de 2017).

55. Tully, G.; Hanna, M. Uma paisagem, muitos inquilinos: Descobrindo Múltiplas Reivindicações, Visões e Significados na Necrópole Tebana. *Archaeologies* **2013**, *9*, 362-397.

56. Graham, A.; Kristian, S.; Morag, D.H.; Sarah, J.; Aurélia, M.; Marie, M.; Benjamin, P. Reconstructing Landscapes and Waterscapes in Thebes, Egypt. *eTopoi J. Anc.*

Stud. **2012**, *3*, 135-142.

57. Graham, A.; Strutt, K.D.; Hunter, M.A.; Pennington, B.T.; Toonen, W.H.J.; Barker, D.S. Theban Harbours and waterscapes survey. *J. Egypt. Archaeol.* **2014**, *100*, 35-47.

58. El-Asmar, H.M.; Ahmed, M.H.; Taha, M.M.N.; Assal, E.M. Impactos Humanos no Património Geológico e Cultural na Zona Costeira a Oeste de Alexandria até Al-Alamein, Egito. *Geoheritage* **2012**, *4*, 263-274.

59. Elwaseif, M.; Ismail, A.; Abdalla, M.; Abdel-Rahman, M.; Hafez, M.A. Investigações geofísicas e hidrológicas na margem oeste do rio Nilo (Luxor, Egito). *Environ. Earth Sci.* **2012**, *67*, 911-921.

60. Kobashi, T. Greenland Temperature, Climate Change, and Human Society during the Last 11,600 years. Tese de doutoramento, Universidade da Califórnia, San Diego, CA, EUA, 2007.

61. Agrawala, S.; Moehner, A.; El Raey, M.; Conway, D.; Aalst, M.V.; Hagenstad, M.; Smith, J. *Development and Climate Change in Egypt: Focus on Coastal Resources and the Nile* ; Organização para a Cooperação e Desenvolvimento Económico: Paris, França, 2004; pp. 1-68.

62. Hassan, K.E. Impacts of Future Climate Change on Egyptian Population (Impactos das futuras alterações climáticas na população egípcia), União Internacional para o Estudo Científico da População (IUSSP). Em Actas da XXVII Conferência Internacional da População da IUSSP, Busan, Coreia, 31 de agosto de 2013; pp. 1-15.

63. Clarke, J.; Brooks, N.; Banning, E.B.; Bar-Matthews, M.; Campbell, S.; Clare, L.; Cremaschi, M.; di Lernia, S.; Drake, N.; Gallinaro, M.; et al. Climatic changes and social transformations in the Near East and North Africa during the 'long' 4th millennium BC: Um estudo comparativo de evidências ambientais e arqueológicas. *Quat. Sci. Rev.* **2015**, *136*, 96-121.

64. Stubbs, J.H.; McKee, K.L.R. Applications of Remote Sensing to the

Understanding and Management of Cultural Heritage Sites. Em *Remote Sensing in Archaeology*; Interdisciplinary Contributions To Archaeology. Springer, Nova Iorque, EUA; 2007; pp. 515-540.

65. Lasaponara, R.; Elfadaly, A.; Attia, W. Usando técnicas de sensoriamento remoto e SIG para monitorar o estado ambiental, os problemas e as soluções em torno do templo Esna em luxor, Egito. In Proceedings of the International Conference of Advanced in Remote SensingforCultural Heritage, Frascati, Itália, 12-13 de novembro de 2015.

66. Lasaponara, R.; Elfadaly, A.; Attia, W. Tecnologias espaciais de baixo custo para a monitorização da deteção de alterações operacionais em torno da área arqueológica de Esna-Egito. In Proceedings of the International Conference on Computational Science and Its Applications, Beijing, China, 4-7 de julho de 2016; Springer: Beijing, China 2016; pp. 611-621.

67. Lasaponara, R.; Murgante, B.; Elfadaly, A.; Qelichi, M.M.; Shahraki, S.Z.; Wafa, O.; Attia, W. Spatial Open Data for Monitoring Risks and Preserving Archaeological Areas and Landscape: Estudos de caso em Kom el Shoqafa, Egito e Shush, Irão, Sustain. *Sustainability* **2017**, *9*, 572.

68. Elfadaly, A.; Attia, W.; Lasaponara, R. Monitoring the Environmental Risks Around Medinet Habu and Ramesseum Temple at West Luxor, Egypt, Using Remote Sensing and GIS Techniques. *J. Archaeol. Method Theory* **2017**, *24*, 1-24.

69. Elfadaly, A.; Lasaponara, R.; Murgante, B.; Qelichi, M,M. Cultural Heritage Management Using Analysis of Satellite Images and Advanced GIS Techniques at East Luxor, Egypt and Kangavar, Iran (A Comparison Case Study). In Proceedings of the 17th International Conference Computational Science and Its Applications, Trieste, Itália, 3-6 de julho de 2017; pp. 152-168.

MIX
Papier aus verantwortungsvollen Quellen
Paper from responsible sources
FSC® C105338
FSC
www.fsc.org

Printed by Books on Demand GmbH, Norderstedt / Germany